环保科普丛书

# 室内环境与健康知识问答

SHINEI HUANJING YU JIANKANG
ZHISHI WENDA

环境保护部科技标准司
中国环境科学学会 主编

中国环境出版社 · 北京

## 图书在版编目（CIP）数据

室内环境与健康知识问答 / 环境保护部科技标准司，中国环境科学学会主编. -- 北京：中国环境出版社，2016.11

（环保科普丛书）

ISBN 978-7-5111-2725-9

Ⅰ．①室… Ⅱ．①环… ②中… Ⅲ．①室内环境－关系－健康－问题解答 Ⅳ．① X503.1-44

中国版本图书馆 CIP 数据核字（2016）第 041515 号

| | |
|---|---|
| 出 版 人 | 王新程 |
| 责任编辑 | 沈 建 董蓓蓓 |
| 责任校对 | 尹 芳 |
| 装帧设计 | 金 喆 |

出版发行 中国环境出版社
　　　　（100062 北京市东城区广渠门内大街 16 号）
　　　　网　　址：http://www.cesp.com.cn
　　　　电子邮箱：bjgl@cesp.com.cn
　　　　联系电话：010-67112765（编辑管理部）
　　　　发行热线：010-67125803，010-67113405（传真）
印　　刷　北京中科印刷有限公司
经　　销　各地新华书店
版　　次　2016 年 11 月第 1 版
印　　次　2016 年 11 月第 1 次印刷
开　　本　880×1230 1/32
印　　张　4.75
字　　数　95 千字
定　　价　24.00 元

# 《环保科普丛书》编著委员会

**顾　　问：**吴晓青

**主　　任：**刘志全

**副 主 任：**任官平

**科学顾问：**郝吉明　孟　伟　曲久辉　任南琪

**主　　编：**易　斌　张远航

**副 主 编：**陈永梅

**编　　委：**（按姓氏拼音排序）

| | | | | |
|---|---|---|---|---|
| 鲍晓峰 | 曹保榆 | 柴发合 | 陈　胜 | 陈永梅 |
| 崔书红 | 高吉喜 | 顾行发 | 郭新彪 | 郝吉明 |
| 胡华龙 | 江桂斌 | 李广贺 | 李国刚 | 刘海波 |
| 刘志全 | 陆新元 | 孟　伟 | 潘自强 | 任官平 |
| 邵　敏 | 舒俭民 | 王灿发 | 王慧敏 | 王金南 |
| 王文兴 | 吴舜泽 | 吴振斌 | 夏　光 | 许振成 |
| 杨　军 | 杨　旭 | 杨朝飞 | 杨志峰 | 易　斌 |
| 于志刚 | 余　刚 | 禹　军 | 岳清瑞 | 曾庆轩 |
| 张远航 | 庄娱乐 | | | |

# 《室内环境与健康知识问答》编委会

# 《环保科普丛书》

　　我国正处于工业化中后期和城镇化加速发展的阶段，结构型、复合型、压缩型污染逐渐显现，发展中不平衡、不协调、不可持续的问题依然突出，环境保护面临诸多严峻挑战。环保是发展问题，也是重大的民生问题。喝上干净的水，呼吸上新鲜的空气，吃上放心的食品，在优美宜居的环境中生产生活，已成为人民群众享受社会发展和环境民生的基本要求。由于公众获取环保知识的渠道相对匮乏，加之片面性知识和观点的传播，导致了一些重大环境问题出现时，往往伴随着公众对事实真相的疑惑甚至误解，引起了不必要的社会矛盾。这既反映出公众环保意识的提高，同时也对我国环保科普工作提出了更高要求。

　　当前，是我国深入贯彻落实科学发展观、全面建成小康社会、加快经济发展方式转变、解决突出资源环境问题的重要战略机遇期。大力加强环保科普工作，提升公众科学素质，营造有利于环境保护的人文环境，增强公众获取和运用环境科技知识的能力，把保护环

I

境的意识转化为自觉行动，是环境保护优化经济发展的必然要求，对于推进生态文明建设，积极探索环保新道路，实现环境保护目标具有重要意义。

国务院《全民科学素质行动计划纲要》明确提出要大力提升公众的科学素质，为保障和改善民生、促进经济长期平稳快速发展和社会和谐提供重要基础支撑，其中在实施科普资源开发与共享工程方面，要求我们要繁荣科普创作，推出更多思想性、群众性、艺术性、观赏性相统一，人民群众喜闻乐见的优秀科普作品。

环境保护部科技标准司组织编撰的《环保科普丛书》正是基于这样的时机和需求推出的。丛书覆盖了同人民群众生活与健康息息相关的水、气、声、固废、辐射等环境保护重点领域，以通俗易懂的语言，配以大量故事化、生活化的插图，使整套丛书集科学性、通俗性、趣味性、艺术性于一体，准确生动、深入浅出地向公众传播环保科普知识，可提高公众的环保意识和科学素质水平，激发公众参与环境保护的热情。

我们一直强调科技工作包括创新科学技术和普及科学技术这两个相辅相成的重要方面，科技成果只有为全社会所掌握、所应用，才能发挥出推动社会发展进步的最大力量和最大效用。我们一直呼吁广大科技工作者大力普及科学技术知识，积极为提高全民科学素质作出贡献。现在，我欣喜地看到，广大科技工作者正积极投身到环保科普创作工作中来，以严谨的精神和积极的态度开展科普创作，打造精品环保科普系列图书。我衷心希望我国的环保科普创作不断取得更大成绩。

吴晓青

中华人民共和国环境保护部副部长

二〇一二年七月

前言

　　人的一生中有80%以上的时间是在室内度过的，因此，室内环境质量与人体健康密切相关。随着经济的发展和生活水平的提高，人们对居室的要求早已不是遮风避雨，而是希望能有个舒适和安全的居室环境。然而，近几十年来，室外环境污染、室内建筑装修、新材料和新设备的应用，在改善人们工作和生活条件的同时，也带来了很多新的环境问题与健康隐患。通常情况下，短时间内大量污染物侵入人体所造成的急性中毒（如煤气中毒）容易引起人们的注意和警觉，但因长期接触某些污染物而引起的慢性危害和远期效应却容易被人们所忽视。

　　与此相对应的是，目前我国在室内环境与健康方面知识宣传普及力度远远不够，公众在室内环境污染物的种类、来源及健康危害方面的知识还比较欠缺，直接影响到公众采取有效防护措施来预防或减少室内环境有害因素的健康影响。基于此，我们组织编写了《室内环境与健康知识问答》一书，力求通过通俗易懂的语言、图文并茂的方式向公众科学、客观地介绍室内小气候与健康、室内空气质量与健康、室内用水与健康、室内电磁辐射与健康以及室内噪声与健康等相关知识和预防策略，并用专门的章节对特殊公共场所室内环境与健康进行了阐述，以期为公众了解室内环境与健康的相关知识、积极采取自我防护措施、保障自身健康提供科学依据。

在本书编写过程中，得到了国家自然科学基金（91543112）和美国中华医学基金（15-228）课题组、中国环境科学学会环境医学与健康分会和中国环境科学学会室内环境与健康分会的大力支持，并得到北京大学公共卫生学院、清华大学土木工程学院、复旦大学公共卫生学院、华中师范大学生命科学学院和中国疾病预防与控制中心环境与健康相关产品安全所等有关单位专家的大力协助，在此一并表示衷心的感谢。

由于水平有限、时间仓促，书中缺点错误在所难免，敬请专家、读者批评指正。

编者

二〇一五年十二月

VIII

## 第三部分 室内用水污染 **57** 危害与对策

IX

## 第四部分 室内噪声、电磁辐射 **72** 污染危害与对策

## 第五部分　室内微生物污染危害与对策　89

# 第一部分
# 基本知识

# 1. 什么是室内环境?

　　所谓室内环境，通常是相对于室外环境而言的，是指用各种建筑材料将室外环境分隔而构成的微小空间环境。室内环境的种类和形式丰富多样，不仅包括住宅内环境，还包括办公室、教室、候车室、医院、商场等各种室内公共场所。

所谓室内环境，通常是相对于室外环境而言的，是指由各种建筑材料与室外环境分隔开来的微小空间环境。

# 2. 室内环境对人体健康的影响有哪些特点?

　　（1）与室外环境相比，室内环境通常较为舒适，有利于人们从事各种室内活动，但因此也有利于一些微生物的生长繁殖，使得室内人群接触病原生物的机会增多。

（2）室内环境的空间相对狭小，有害因素较难扩散稀释，一旦出现污染物，其与人体的接触更为频繁和密切，从而易对人体健康造成危害。

（3）室内环境中的多种有害因素多为同时、综合地作用于人体，对人体健康产生影响。

（4）室内环境中的某些有害因素如出现高浓度污染时可导致机体急性中毒，如煤气中毒；但多数情况下，有害因素对人体健康的影响为低浓度长期作用，当人体表现出某种健康危害效应时，一般已经持续暴露较长时间了。

与外界环境相比，室内环境较为舒适，有利于人们从事各种室内活动。但室内空间相对狭小，一旦产生污染物，较难扩散，如室内环境中的有害因素多，同时综合地作用于人体，对人体健康产生影响。

# 3. 如何创造健康的室内环境?

良好的室内环境有利于室内人群的身心健康, 使人们在室内感到舒适, 精神焕发, 提高机体的生理功能, 增强免疫力, 降低发病率, 增强体质等。创造健康的室内环境主要包括以下几个方面:

(1) 充分引进和利用室外的有利因素, 如阳光、新鲜空气等, 增加室内日照并且勤开窗通风换气。

(2) 充分发挥和开发室内的有利因素, 如合理分割室内的空间, 完善室内的卫生设施等。

(3) 避免室外的有害因素进入室内, 如空气污染、噪声等。

(4) 尽量避免室内活动产生有害因素, 如尽量避免室内的燃烧产物污染室内环境等。

# 4. 什么是室内小气候?

室内小气候是指室内环境中的气候，主要是由于室内的屋顶、地板、门窗和墙壁等围护结构以及人工空气调节设备（如空调等）的综合作用而形成的与室外气候不同的室内气候。主要包括室内空气湿度（气湿）、室内空气温度（气温）、室内空气流动速度（气流）和热辐射（墙壁等物体的表面温度）四个因素。

# 5. 室内小气候对健康有哪些影响?

室内小气候对室内人群的健康起着重要的作用。首先，室内小气候可影响人体的体温调节，当室内小气候变化超过一定的范围时，会导致人体的体温调节紧张，长期作用会降低抵抗力。其次，室内小气候可通过影响室内污染物的浓度间接影响人体健康，如气温升高可加快室内空气污染物排出室外，且气流越大排出越快；气湿过高时，可导致室内空气污染物在空气中的停留时间增加，使室内空气污染物不易排出室外。

# 6. 什么是适宜的室内小气候？

适宜的室内小气候可使人体的体温调节机能处于正常状态，使人们有良好的温热感，有利于工作和休息。《室内空气质量标准》（GB/T 18883—2002）根据人体温热感的舒适程度规定了室内小气候中气温、气湿和气流的相关指标。

| 指标 | 标准值 | |
|---|---|---|
| | 夏季空调 | 冬季采暖 |
| 气温 / ℃ | 22~28 | 16~24 |
| 气湿 / % | 40~80 | 30~60 |
| 气流 / (M/S) | 0.3 | 0.2 |

# 7. 评价室内空气质量常用的指标有哪些？

人的一生中约有 80% 以上的时间是在室内度过的，因此，室内空气质量对健康至关重要。根据《室内空气质量标准》（GB/T 18883—2002）规定，评价室内空气质量的指标主要有四类：

（1）物理性指标，四项，包括温度、湿度、空气流速和新风量；

（2）化学性指标，十三项，包括甲醛、二氧化碳、苯、可吸入颗粒物等；

（3）生物性指标，一项，即菌落总数；

（4）放射性指标，一项，即氡 $^{222}Rn$。

# 8. 什么是室内日照？

室内日照是指通过门窗等射入室内的直射太阳光，不包括室内的人工照明如灯泡、灯具等。其中太阳光主要由可见光、红外线和紫外线构成，且各有不同的功能。室内拥有充足的日照能保证人体健康、增添舒适感。

## 9. 太阳光中的红外线对健康有哪些影响？

红外线可使机体产生温热感，促使全身或局部血管扩张，具有消炎镇痛的作用。进入室内的红外线，直接照射到人体表面可产生温热的感觉；照射到室内的物体和墙壁表面，可提高室内的温度和热辐射，使人体产生温热的感觉。

## 10. 太阳光中的紫外线对健康有哪些影响？

太阳光中的紫外线对健康具有许多重要的作用：

（1）具有抗佝偻病和软骨病的作用，特别是在抗儿童的佝偻病和抗孕妇、哺乳妇女的软骨病等方面具有重要的作用；

（2）具有杀菌作用，紫外线照射 3 h，对多种细菌的杀灭率可达到 80% ～ 98%；

（3）可提高机体免疫力，长时间低剂量接触太阳光紫外线可增加机体对传染病的抵抗力，降低传染病发生率；

（4）具有一定的消炎、止痛作用；

（5）可使皮肤产生黑色素，防止皮肤吸收更多的紫外线，对机体起到保护作用等。

## 11. 什么是采光系数？

采光系数是指采光口有效的采光面积（如窗玻璃的面积）与室内地面面积的比例。一般住宅和公共建筑物内采光系数为 1/15 ～ 1/5，住宅居室采光系数为 1/10 ～ 1/8。采光系数未考虑当地的气候和采光口的方向等重要因素，所以它是一个概略的评价指标。

## 12. 我国对室内日照和采光有哪些规定？

我国《城市居住区规划设计规范》（GB 50180—93（2002 年版））规定，北方大城市的大寒日室内日照时数不小于 2 h，北方中小城市和南方大城市大寒日室内日照时数不小于 3 h，南方中小城市和西南地区冬至日室内日照时数不小于 1 h，但老年人居住的建筑冬至日的室内日照时数不应小于 2 h。

《住宅设计规范》（GB 50096—2011）规定，居室内的起居室、卧室、厨房和书房等区域的采光系数不应低于 1%，窗地面积之比不应低于 1：7；居室内楼梯间的采光系数不应低于 0.58%，窗地面积之比不应低于 1：12。

## 13. 居室环境日照、采光和照明应该注意哪些问题？

在日常生活中，居室环境日照、采光和照明应注意以下问题：

（1）居室内应充分利用外界环境提供的日照条件，每套住宅至少应有一个居住空间能获得冬季日照。

（2）为了保证居室内的采光符合健康要求，应保证居室内门窗的大小，使居室的窗地面积的比值不应小于 1：7；

（3）照度是反映光照强度的一种单位，其物理意义是照射到单位面积上的光通量，照度的单位是每平方米的流明（lm）数，也叫作勒克斯（lx）。居室内照明的照度大小应适宜，一般居室内人工照明的照度应为 50 ～ 100 lx。

流明是光通量的单位。发光强度为 1 坎德拉（cd）的点光源，在单位立体角（1 球面度，sr）内发出的光通量为 1 流明（lm）。

（4）居室内的照度应该保持恒定，分布应均匀，避免炫目。

## 14. 什么是不良建筑物综合征？

不良建筑物综合征也称病态建筑物综合征，是指某些建筑物由于室内污染、空气交换率低导致该建筑物内的人群产生一系列症状，表现为眼、鼻、咽部有刺激感、头痛、易疲劳、嗜睡等非特异性症状，离开建筑物则症状消退。该病是由多种因素综合作用引起的，除污染和通风不良外，还可能与温度、湿度、采光、声响等舒适因素失调以及情绪心理反应等有关。

# **15.** 什么是建筑相关疾病？

建筑相关疾病是指暴露于室内生物和化学物质（如真菌、细菌、内毒素、霉菌毒素、氡、一氧化碳和甲醛等）所导致的呼吸道感染和疾病、心血管疾病、肺癌和军团菌病等疾病。与不良建筑综合征相比，这些疾病病因可查，而且有明确的诊断标准和治疗方法。患有建筑相关疾病的人群离开室内空气质量不良的建筑物后，症状不会很快消失，仍需特殊治疗，且康复期通常较长，完全康复或症状减轻需远离致病源。

# 第二部分
# 室内空气污染
# 危害与对策

## 16. 室内空气中有哪些主要污染物？

　　室内空气中的有害因素种类繁多，主要污染物有：燃烧型污染物，如烹饪产生的一氧化碳（CO）、硫氧化物（$SO_x$）、氮氧化物（$NO_x$）、多环芳烃等；装修型污染物，如装修材料产生的甲醛、苯及苯系物等；生物型污染物，如空调设备产生的军团菌等。

## 17. 室外的大气污染物如何进入室内？

　　室外大气污染物如颗粒物、气态污染物等可通过居室的门窗及建筑物的缝隙进入室内，使室内相应污染物浓度升高。这些污染物包括大气中常见的污染物，如颗粒物、二氧化硫、氮氧化物等，它们来自于工业生产、交通运输、家用炉灶等。春季时室外的花粉等生物性变应原也可由室外进入室内，造成人体过敏反应的发生；来自建筑物附近的局部污染源中的污染物也可进入室内，如下水道散发出的硫化氢、氨气、甲烷等。

# 18. 室内空气污染来源有哪些？

　　室内空气污染除了来源于室外大气外，还有很多室内的污染来源：

　　（1）人和其他生物呼出的产物。人和其他生物的呼出气中除了水、二氧化碳外，还有一氧化碳、甲醇、乙醇、硫化氢等多种有害气体，还可能包含多种致病微生物，尤其是呼吸道传染病患者通过说话、咳嗽、打喷嚏等随飞沫喷出的病原微生物，会对室内空气造成污染。

（2）人类日常活动产生的污染物。例如，吸烟产生的烟雾、烹饪和取暖产生的燃烧产物、烹饪产生的油烟都会造成室内空气污染。

（3）室内的建筑材料、装修装饰材料中散发出的污染物。例如，建筑材料中的挥发性化合物、放射性元素和重金属都可能会对人体健康产生危害。

（4）室内空调设备产生的污染物。例如，空调设备的空气过滤器、制冷盘管、通风管道和冷却水中容易滋生细菌和真菌，会造成室内空气污染。

# 19. 不同燃料分别产生哪些主要污染物？

目前，较常用的家用燃料包括煤、煤气、液化石油气、天然气等，有些农村还使用秸秆、牛粪等生物质燃料。除了产生常见的二氧化碳

和水分之外，煤燃烧主要产生二氧化硫、氮氧化物和颗粒物，气态燃料（煤气、液化石油气、天然气）燃烧主要产生一氧化碳和氮氧化物，而生物质燃料成分很复杂，因而燃烧产物的种类和数量很多，如大量灰分、二氧化硫、颗粒物、一氧化碳、氮氧化物、多环芳烃等。

# 20. 我国对室内空气质量有什么规定？

2002 年，我国颁布了《室内空气质量标准》（GB/T 18883—2002），从物理性、化学性、生物性和放射性四个方面对室内空气质量评价指标做了规定。除物理性指标外，其他指标均为室内空气中污染物浓度控制限值。近些年来，随着新的室内环境污染问题的不断出现，亟须对原有的室内环境空气质量标准进行修订和完善。

室内空气污染物控制要求（GB/T 18883—2002）

| 序号 | 参数类别 | 参数 | 单位 | 标准值 | 备注 |
|---|---|---|---|---|---|
| 1 | 物理性 | 温度 | ℃ | 22 ~ 28 | 夏季空调 |
| | | | | 16 ~ 24 | 冬季空调 |
| 2 | | 相对湿度 | % | 40 ~ 80 | 夏季空调 |
| | | | | 30 ~ 60 | 冬季空调 |
| 3 | | 空气流速 | m/s | 0.3 | 夏季空调 |
| | | | | 0.2 | 冬季空调 |
| 4 | | 新风量 | $m^3/(h·人)$ | 30 | |
| 5 | 化学性 | 二氧化硫（$SO_2$） | $mg/m^3$ | 0.50 | 1 小时均值 |
| 6 | | 二氧化氮（$NO_2$） | $mg/m^3$ | 0.24 | 1 小时均值 |
| 7 | | 一氧化碳（CO） | $mg/m^3$ | 10 | 1 小时均值 |
| 8 | | 二氧化碳（$CO_2$） | % | 0.10 | 日平均值 |
| 9 | | 氨（$NH_3$） | $mg/m^3$ | 0.20 | 1 小时均值 |
| 10 | | 臭氧（$O_3$） | $mg/m^3$ | 0.16 | 1 小时均值 |
| 11 | | 甲醛（HCHO） | $mg/m^3$ | 0.10 | 1 小时均值 |
| 12 | | 苯（$C_6H_6$） | $mg/m^3$ | 0.11 | 1 小时均值 |
| 13 | | 甲苯（$C_7H_8$） | $mg/m^3$ | 0.20 | 1 小时均值 |
| 14 | | 二甲苯（$C_8H_{10}$） | $mg/m^3$ | 0.20 | 1 小时均值 |
| 15 | | 苯并 [a] 芘（BaP） | $mg/m^3$ | 1.0 | 日平均值 |
| 16 | | 可吸入颗粒物（$PM_{10}$） | $mg/m^3$ | 0.15 | 日平均值 |
| 17 | | 总挥发性有机物（TVOC） | $mg/m^3$ | 0.60 | 8 小时均值 |
| 18 | 生物性 | 菌落总数 | $cfu/m^3$ | 2 500 | 依据仪器定 |
| 19 | 放射性 | 氡（$^{222}Rn$） | $Bq/m^3$ | 400 | 年平均值 |

# 21. 室内空气污染物对人体有哪些危害？

　　人的一生中约有 80% 以上的时间是在室内度过的，因此，室内空气质量与人的身心健康密切相关。

　　室内空气中各种污染物会不同程度地影响人的呼吸系统、心血管系统、免疫系统等的健康，如降低肺功能，引起呼吸道症状（咳嗽、咳痰），或使原有的呼吸道疾病加重等。较高浓度的室内空气污染物还会引起急性中毒（一氧化碳中毒等）、神经性刺激（苯使人体中枢神经系统麻醉等）、过敏性疾病（甲醛引发的过敏性皮炎等）等，颗粒物在影响心血管系统（升高血压等）的同时还有致癌作用。

# 22. 一氧化碳中毒是怎么回事儿?

当室内燃料不完全燃烧产生大量一氧化碳($CO$)时,若门窗关闭严密,室外氧气不能及时进入室内,$CO$ 在室内大量蓄积,则将会造成人群 $CO$ 急性中毒,通常也称为煤气中毒。当室内空气中 $CO$ 浓度达 58.5 mg/m$^3$ 时,人会感到轻度头痛;浓度达 117 mg/m$^3$ 时,会中

度头痛头晕；浓度达 292.5 mg/m³ 时，则严重头痛头晕；而浓度继续升高，则会导致恶心、呕吐、虚脱，甚至可能昏迷和快速死亡。室内使用燃气热水器进行烧水、洗澡，或使用液化石油气进行燃烧取暖时，很容易发生 CO 急性中毒。这类事件的报道已屡见不鲜。

一氧化碳中毒在农村也较为常见。主要原因包括：① CO 中毒多发生在寒冷的冬季；农村煤炉取暖比较普遍，煤炭的不完全燃烧会产生大量 CO，加上冬季寒冷，居民家中门窗紧闭，通风不良，使得室内 CO 不易扩散至室外。② CO 是无色无味的气体，室内 CO 过量时不容易察觉，因此中毒一般多发生在晚上人们入睡以后。③ CO 与人体血红蛋白结合的能力很强，为氧气的 30 多倍。④ CO 中毒通常比较严重，一旦发生，患者将很快失去自救能力。

《环境空气质量标准》（GB 3095—2015）规定，居民区室外大气中 CO 的 24 h 平均浓度最高限值为 4 mg/m³，1 h 平均浓度不得超过 10 mg/m³。《室内空气质量标准》（GB/T 18883—2002）规定室内 CO 一小时平均浓度限值为 10 mg/m³。

## 23. 如何预防和应对一氧化碳急性中毒？

预防一氧化碳急性中毒的原则有：①要对一氧化碳中毒有清醒的认识，勿存侥幸心理。②冬季采用煤炉采暖的地区，务必使用烟囱将烟气导出室外并定期清理烟囱通道，加强室内通风。③独处老年人身边安装一氧化碳报警器并经常出门运动。④一旦有胸闷气短头疼头晕症状，务必去医院检查。

发生一氧化碳急性中毒时，抢救的要领为：急救人员要压低体位（弯腰）进入室内，立刻打开门窗使外界氧气得以充分进入，关闭污染源，并迅速将中毒者转移到室外通风处，立刻送至医院进行抢救。在寒冷季节时将中毒者移至室外通风处的同时要注意做好保暖工作。

# 24. 吸烟会产生哪些主要污染物？

烟草是一种成分很复杂的植物。烟草燃烧产生烟草烟雾，92% 为气态污染物，包括二氧化碳（$CO_2$）、一氧化碳（CO）、氨气、氰化氢、挥发性亚硝酸、挥发性硫化物等，8% 为颗粒物，主要为烟碱（尼古丁）、烟焦油等。

# 25. 为什么说吸烟有害健康？

　　烟草烟雾中的大多数有害成分与燃料燃烧的产物或环境中其他有害成分相同，但其中有几种特殊的有害成分，须加注意：

　　（1）烟碱：又称尼古丁，进入呼吸道后，有90%被肺吸收，其中25%在7 s内可进入大脑，产生兴奋作用，让整个心脑血管系统生理活动加快。长期吸烟会产生对尼古丁的依赖性，让人过度兴奋后体力下降，记忆力衰退，工作效率降低，使多个器官受累。

　　（2）烟焦油：是烟草中有机物不完全燃烧的产物，其中亚硝胺类和多环芳烃可致癌，重金属镉可蓄积于体内引起哮喘、肺气肿等疾病。

（3）氰化氢：剧毒物质，可使细胞因不能吸氧而急性死亡。烟草中的氰化氢对人体主要是慢性作用，通过抑制呼吸道纤毛运动来减弱呼吸道防御功能，引起痰液堆积，引发炎症甚至癌变。此外，氰化氢还影响视力，可引起视觉下降，造成视网膜损害。

吸烟的危害多种多样，对人的呼吸道、消化道、心血管系统都不利，更严重的是能引起肺癌，因此说，吸烟非常有害健康。

# 26. 您了解二手烟和三手烟的危害吗？

"二手烟"也称环境烟草烟，既包括吸烟者吐出的主流烟雾，也包括从烟斗、纸烟或雪茄中直接冒出来的侧流烟雾。侧流烟雾中不完全燃烧产物较多，许多有害物质在侧流烟雾中的浓度往往高于主流烟雾，如尼古丁高 2.6～3.3 倍、甲醛高 15 倍、致癌物高数倍至数十倍。"二手烟"除刺激眼、鼻和咽喉外，还会明显增加非吸烟者患上肺癌和心脏疾病的风险，严重危害人们的身体健康。

"三手烟"是指吸烟者在将烟熄灭后的一段时间内，烟雾在室内建筑和物体表面以及灰尘中残留的有害物质，包括尼古丁衍生物、致癌物、重金属、辐射物质等。"三手烟"可在室内持续较长时间，且"三手烟"的残留物还能与空气中的物质（如臭氧）相互作用，生成新的有毒物质，故对人体呼吸系统等的健康有很大影响。

# 27. 烹调油烟对健康有哪些危害？

烹调过程中食用油加热后产生的油烟即烹调油烟，是食用油里的不饱和脂肪酸在高温下发生氧化和聚合反应而产生的一系列复杂混合物，包含多环芳烃、脂肪烃类、有机酸、有机碱、醛类、酮类、杂环类化合物等200多种成分。这些成分中绝大部分对人体有害，如苯并[a]芘、亚硝胺等。世界卫生组织指出，每年全球约有160万人死于厨房和室内燃烧产生的污染引起的各种疾病，尤其是肺部疾病，包括哮喘、气管炎、肺癌等。

　　为减少厨房油烟污染，有条件的可以使用抽油烟机，在使用抽油烟机时，应定期（3～6个月）清洗。油烟机内表面容易附着更多有毒油烟成分，在一次次烹饪过程中不断累积，除了会被烹调者吸入外，还有可能扩散到客厅和卧室中。

# 28. 室内二氧化碳对健康有哪些影响？

　　低浓度的二氧化碳（$CO_2$）对呼吸中枢有兴奋作用，而高浓度时却有抑制作用，甚至有麻醉作用。室内空气中的 $CO_2$ 浓度达到 3% 时，人的呼吸会加深；达到 4% 时，会出现头痛、头晕、耳鸣、眼花、血

压升高等；当室内空气中的 $CO_2$ 浓度达到 8% ～ 10% 时，处于室内的人会出现呼吸困难、四肢无力、肌肉抽搐痉挛等；当浓度达 30% 时，可出现死亡。实际的环境中，因为 $CO_2$ 浓度增高往往与缺氧同时存在，因此认为出现死亡是二者共同作用所致。

## 29. 室内颗粒物的来源有哪些？对人体健康有哪些危害？

室内颗粒物除了包括扩散进室内的室外大气颗粒物外，主要来源于室内燃料燃烧、物体表面磨损、设备运行、人员活动等。其中发展中国家 90% 的室内污染主要来源于煤炉取暖、烹调和吸烟等。

室内粒径较大的颗粒物通常停留在上呼吸道，如在口、鼻处沉积，对人体呼吸系统造成危害，如肺功能降低、咳嗽咳痰等；粒径小的颗粒物如 $PM_{2.5}$ 可直接抵达肺部或直接入血，$PM_{2.5}$ 中某些较细的组分通过血液循环到达身体其他部位，对人体的呼吸系统和心血管以外的其他器官和系统造成危害，如神经系统、免疫系统等。

# 30. 什么是空调病？

长期在空调环境下工作学习的人，会出现鼻塞、头昏、打喷嚏、耳鸣、乏力以及皮肤过敏等症状，这类现象在现代医学上称为"空调综合征"或"空调病"。这主要是由于房间内门窗密闭，缺少新鲜空气；空调房内外温差过大；空调过滤器只能排除大部分灰尘，无法排除微生物，致病菌容易在空调房内寄宿、生长繁殖等造成的。因此，空调房间也应经常开窗通风。

## 31. 绿色植物能吸附室内空气污染物吗？

　　绿色植物对室内空气中的某些气态污染物具有一定的净化功能，这已被实验研究与实践所证实。能吸收有毒化学物质的植物有芦荟、吊兰、虎皮兰、常青藤、铁树、兰花、桂花、腊梅等；而玫瑰、桂花、紫罗兰、茉莉、柠檬、蔷薇、石竹、铃兰、紫薇等则具备显著杀菌作用；除此之外，仙人掌等原产于热带干旱地区的多肉植物，其肉质茎上的气孔白天关闭，夜间打开，在吸收二氧化碳的同时制造氧气，使室内空气中的负离子浓度增加，也是能改善环境的植物。但绿色植物对于颗粒物的吸附作用非常有限，其净化功效也要看具体条件，包括植物数量、污染物种类等。

## 32. 如何判断室内是否需要空气加湿器？

最有益于人体健康的空气相对湿度应为 45% ～ 60%；人体在室内感觉舒适的最佳相对湿度是 49% ～ 51%，屋内加湿时，最好配置一支湿度表，将室内湿度保持在 50% 左右。当空气湿度低于 45% 时，室内空气干燥，鼻腔和肺部呼吸道黏膜的水分会大量蒸发，黏液分泌减少；人体表皮细胞脱水，皮肤干燥甚至起皱。人体主观感觉皮肤和呼吸道干燥，咽喉发干甚至鼻腔黏膜充血。容易引发支气管炎、支气管哮喘以及其他呼吸道疾病，此外，过敏性皮炎、皮肤瘙痒等也都和空气干燥有关。湿度过高则会影响机体体温调节功能，机体散热困难将引起体温升高、血管舒张、脉搏加快甚至出现头晕等症状。如果室内环境相对湿度达到 80% 以上，则空气潮湿，机体水分蒸发变慢，散热不畅，容易感到胸闷气短，甚至诱发心脑血管疾病的急性加重。

## 33. 如何科学地进行厕所除臭？

目前市场上有许多厕所清洁剂、除臭剂，但其本身同样包含各类挥发性化学物质，长期大量使用难免对人体产生毒害作用。事实上许多生活中的日常用品也是可以起到除臭作用的。

醋：只要在厕所内放置 1 杯香醋，臭味便会消失。香醋的有效期一般为 6 ～ 7 d，也就是说，每隔一周左右要更换一次香醋。

清凉油：将一盒清凉油打开盖，放在卫生间角落低处，臭味即可清除。一盒清凉油可用 2 ～ 3 个月。

# 34. 室内硫化氢的来源及健康危害有哪些？

硫化氢是无色气体，臭鸡蛋味，是含硫有机物分解时产生的有毒气体。粪便、生活污水、生活垃圾分解时都可产生硫化氢。室内下水道堵塞或排水管无水封时，硫化氢就会顺着下水道的管道溢入室内。

硫化氢是神经毒物，空气中质量浓度达 $0.012\ mg/m^3$ 时，即可闻到臭鸡蛋味；达到 $150\ mg/m^3$ 时，人接触 2 h，可使嗅觉中枢麻痹；达到 $1\ 000\ mg/m^3$ 时，可导致人呼吸麻痹而死亡。

　　预防硫化氢污染的措施有：家庭垃圾要日产日清；下水道要有水封，"地漏"水封不好用时要及时修理或更换；使用地下热水浴的家庭要小心热水中散发出来的硫化氢污染居室空气；用地下热水洗澡时间不要超过 15 min。

# 35. 室内氮氧化物的来源及其健康危害有哪些？

　　氮氧化物（$NO_x$）包括一氧化氮（NO）和二氧化氮（$NO_2$）。室内氮氧化物（$NO_x$)的主要来源是人们在烹饪及取暖过程中燃料的燃烧。

室内 $NO_x$ 的浓度取决于通风量，通风量越大，$NO_x$ 稀释扩散越快，浓度下降越明显。除此以外，吸烟也是室内 $NO_x$ 的重要来源。目前氮氧化物对人体的危害已得到确认，NO 会使人的中枢神经麻痹，严重情况下发生窒息甚至死亡；$NO_2$ 会造成哮喘和肺气肿，甚至导致人的心、肺、肝、肾及造血组织的功能损失，其毒性大于 NO。

# 36. 室内空气中的氡是哪儿来的？

室内的氡是由放射性元素镭衰变而产生的，其在室内的来源主要有以下几个方面：

（1）从房屋地基中析出的氡。在地层深处含有铀、镭、钍的土壤、岩石中可以发现高浓度的氡，这些氡会沿着地基的缝隙扩散到室内。

（2）从建筑材料和装修材料中析出的氡。某些建筑材料如花岗岩、砖沙、水泥及石膏等，特别是含有放射性元素的天然石材，易释放出氡。室内装修采用的含有镭的天然大理石也有可能向室内空气中释放氡。

（3）从供水及用于取暖和厨房设备的天然气中释放出的氡。只有水和天然气的氡含量比较高时才会有危害，这种情况极为少见。

# 37. 室内空气中的氡对人体健康有哪些危害？

氡主要通过呼吸道进入人体。国际癌症研究机构将氡归类于人类确定致癌物。氡及其子体（衰变产物）对人体的危害主要是引起肺癌。

氡及其子体可在衰变过程中发出 α 射线、β 射线和 γ 射线，这些射线能作用于人体，诱导机体产生大量自由基，从而促进组织的癌变。氡及其子体对人体致癌的潜伏期为 15 ～ 40 年。氡作为一种致癌物，没有阈值，室内氡浓度越高、受照时间越长、初始受照年龄越小，危险程度越高。

# 38. 室内空气中氨的来源有哪些？

目前，认为室内空气中的氨主要来源于以下三个方面：

（1）建筑施工中使用的混凝土外加剂。混凝土外加剂中含胺基化合物如尿素等，可以与混凝土中的水分发生水解反应产生氨并释放到室内空气中，这种释放持续时间长、污染重，对人体危害大，是室内氨的最主要的污染源。

（2）木制板材。制作家具的木制板材在加压成型过程中一般都要使用脲醛树脂黏合剂，板材中游离的氨和脲醛树脂分解产生的氨能够释放到室内空气中，但以此方式产生的氨量较小，一般不会造成室内氨污染。

（3）室内装饰添加剂和增白剂。含有氨水成分的添加剂和增白剂在室温下易释放出气态氨，但这种释放过程快，在较短的时间内能够扩散到室外环境中，不会造成长时间的污染。

# 39. 目前市场上的室内空气净化器有哪几种类型？

目前市面上的空气净化器主要有以下几种类型：①机械过滤式净化器；②吸附式净化器；③静电式净化器；④负离子净化器。此外，还有臭氧净化器、光触媒净化器等新类型。

# 40. 您了解室内空气净化器的工作原理吗？

目前不同类型的空气净化器基本原理如下：

（1）机械过滤。主要使用玻璃纤维和高分子材料作为过滤介质，通过物理过滤降低空气中的颗粒物浓度。

（2）吸附。包括物理吸附和化学吸附。主要针对空气中的一些有机有害气体。吸附速度较快，但缺点是易饱和、维护比较麻烦，在特定条件下，所吸附的污染物会挥发出来形成二次污染。

（3）静电除尘。空气中的粉尘在经过高压电场时电离并做定向移动，从而达到分离颗粒物的目的。静电式净化器由于会产生臭氧等有害气体，因此存在一定的健康隐患。

（4）光催化和化学催化。在紫外线和化学催化剂的作用下，一些半导体材料会产生电子，并与污染物发生反应，使其分解为无害的水和二氧化碳。本质上是一种氧化还原反应。缺点是有时会产生一些不完全氧化物，成为安全隐患。

# 41. 空气净化器可以净化室内空气吗？

　　不同类型的净化器依据其工作原理的不同，可以对室内空气起到不同程度的净化作用。但是在使用空气净化器时，大家一般都是关窗进行的，室内长时间不进行通风换气的话，会造成室内氧气减少，而由人或动物呼出的二氧化碳等增多，反而不利于人体健康，因此在使用空气净化器之余，当室外空气质量较好时，还应注意适当开窗通风换气。

# 42. 什么是新风量？

新风量，一般是指单位时间从室外进入室内的新鲜空气的量。新风的目的是供给人们正常的生理需氧量，冲淡室内二氧化碳、甲醛等有害气体或气味。新风量直接影响到空气的流通和室内空气污染的程度，是衡量室内空气质量的一个重要指标。人们长期处于新风量不足的建筑中，易患"病态建筑综合征"：头痛、胸闷，易疲劳，还容易引发呼吸系统和神经系统等疾病。美国标准 ASHRAE 62 和欧洲标准 CEN CR 1752 中，给出了感知空气质量不满意率和新风量的关系，由图可见，随着新风量加大，感知的室内空气质量不满意率下降。

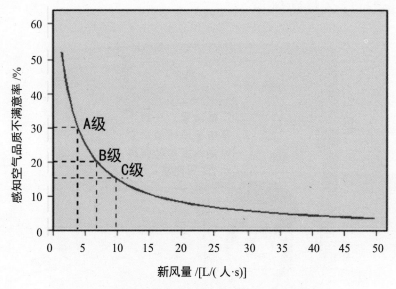

感知空气质量不满意率和新风量的关系

# 43. 为什么要通风？

通新风是改善室内空气质量的一种行之有效的方法，其主要功能是提供人所必需的氧气并用室外低污染物浓度的空气来稀释室内污染物浓度高的空气。

必要的新风量应能提供足够的氧气，满足室内人员的呼吸要求，以维持正常生理活动。人体对氧气的需要量主要取决于能量代谢水平。人体处在静坐状态下所需氧气量约为 5.2 mL/（人·s）。由此可见，单纯呼吸氧气所需的新风量并不大，一般通风情况下均能满足要求。

　　所以，室内通新风的目的在更大程度上是稀释室内污染物。人体在新陈代谢过程中排出大量的 $CO_2$，由于 $CO_2$ 浓度与空气中其他人体代谢污染物的浓度有一定关系，故 $CO_2$ 浓度常作为衡量指标来确定室内空气的新风量。由于人体 $CO_2$ 产生量与人体表面积和肌肉活动强度有关，不同活动强度下人体 $CO_2$ 的产生量和所需新风量见下表。

$CO_2$ 的产生量和必需的新风量

| 活动强度 | $CO_2$ 产生量 / [mL/（s·人）] | 不同室内 $CO_2$ 允许浓度下必需的新风量 /[m³/（h·人）] | | |
|---|---|---|---|---|
| | | 0.1%$CO_2$ | 0.15%$CO_2$ | 0.20%$CO_2$ |
| 静坐 | 4.0 | 20.6 | 12.0 | 8.5 |
| 极轻 | 4.8 | 24.7 | 14.4 | 10.2 |
| 轻 | 6.4 | 32.9 | 19.2 | 13.5 |
| 中等 | 11.4 | 58.6 | 34.2 | 24.1 |
| 重 | 20.8 | 107 | 62.3 | 44.0 |

值得注意的是，以上结论都是发达国家研究者在室外空气非常干净的情况下得出的，我国大气污染（尤其是 $PM_{2.5}$）较严重，情况比较特殊，上述研究的出发点、方法等可供借鉴，但结论不能简单套用。

## 44. 室内有哪些主要通风方式？

室内通风分为自然通风和机械通风，是指建筑物内污浊的空气直接或净化后排至室外，再把新鲜的空气补充进去，从而保持室内的空气环境符合卫生标准。其中，自然通风是利用自然风压、空气温差、密度差等对室内进行通风；机械通风是利用通风机的运转造成通风压力以使室外空气不断地进入室内的通风方法。

## 45. 我国主要有哪些室内通风的相关标准？

目前我国关于室内新风量的相关标准规范主要有《室内空气质量标准》（GB/T 18883—2002）、《民用建筑供暖通风与空气调节设计规范》（GB 50736—2012）、《公共建筑节能设计标准》（GB 50189—2015）、《医院洁净手术部建筑技术规范》（GB 50333—2013）、《中、小学校教室换气卫生标准》（GB/T 17226—1998）等。其中《室内空

气质量标准》（GB/T 18883—2002）中规定了住宅和办公建筑中新风量不应小于 30 m³/（h·人）；医院建筑中（如急诊室、病房）要求每小时换气次数大于两次。

# 46. 灰霾天气需要开窗通风吗？

建筑通风的目的是：①满足室内人员对新鲜空气的需要；②保证室内人员的热舒适度；③保证排除室内污染物。当灰霾天时间很短时（如几小时），可不开窗通风。一般的建筑即使关窗，由于建筑渗漏，室内通风换气也可达 0.2 次 / h 左右。加上建筑物内本身存有空气，因此，灰霾期间短时间内不开窗通风对人的舒适和健康影响不大。但如果灰霾天持续时间较长（超过半天），建筑物又没有新风系统，则还是要注意开窗通风，但最好选择灰霾较轻的时候间歇式开窗，并选用合适的对颗粒物有净化功能的空气净化器，降低室内空气中 $PM_{10}$ 和 $PM_{2.5}$ 的浓度。

# 47. 住宅通风有哪些注意事项？

　　在室外空气温度、湿度合适和空气质量较好时，应多开窗通风。在使用空调的冬、夏季，虽然增大通风如开窗会增大空调能耗，但仍应保证一定的新风量，相对于节约能源，更应保障健康。在室外空气污染严重时，通风可引入室外污染物，此时应避免或减少通风，同时

可通过使用空气净化器等保证室内空气质量。开窗通风时，新风量急
剧增大，对室内二氧化碳、甲醛等稀释效果明显，故开窗时间适中即
可（如 1 h），不需很长。同时注意通风时应避免厨卫的污浊空气进
入居室。

# 48. 办公建筑通风有哪些注意事项？

　　办公建筑多采用集中空调通风系统，《民用建筑供暖通风与空气
调节设计规范》（GB 50736—2012）中规定了办公建筑中的新风量，
并要求在风道中加装过滤器，以保障室内空气质量。需要注意的是，

风道和过滤器应定期清洗维护，否则随着积尘量的增多会滋生霉菌等二次污染物，污染室内空气。

# 49. 开空调后，室内应该如何通风？

在使用空调的冬、夏季，增大通风如开窗会增大空调能耗，但即使此时，也要注意保证室内有足够的新风量，一般不应小于 30 m³/（h·人）。可选择在不开空调和室外空气温度、湿度、空气质量较为合适时进行间歇式开窗，在保证室内空气质量满足国家标准的前提下再考虑尽量节约空调能耗。

# 50. 开车时可以开窗通风吗？

开车时应尽量保持通风，因为：①汽车的仪表板、沙发、内饰和塑胶制品会释放有害的挥发性有机物，如甲醛和甲苯。特别是在泊车很长时间或在阳光下暴晒后要再次发动车辆时，应当打开车窗通风，将积聚在车内的污染气体排走。②长时间关闭车窗会使得车内的 $CO_2$ 浓度上升，容易引起驾驶员犯困，因此，行车时应当注意在关窗状态下打开通风换气开关。此外，遇到车外空气环境质量不良时，譬如在隧道中或堵车时则不宜打开换气开关，以减少汽车尾气吸入。

# 第三部分
# 室内用水污染危害
# 与对策

# 51. 生活饮用水中有哪些主要污染物？

生活饮用水中的污染物可分为生物性污染物、化学性污染物和物理性污染物三类，其中，以生物性污染物和化学性污染物最为常见。生物性污染物包括细菌、病毒和原虫等病原微生物及藻类毒素，饮用受病原微生物污染的饮水会导致介水传染病。由于现行自来水加工工艺有严格的消毒措施，因此，自来水微生物污染一般可有效控制。

化学性污染物可分为无机污染物和有机污染物。前者主要有金属、碳酸盐、硝酸盐和硫酸盐等，后者包括未能有效处理的残存于饮用水中的污染物，如农药类和邻苯二甲酸酯类等污染物、消毒副产物三卤甲烷和卤乙酸类等。饮用水中的化学性污染物一方面来自原水中存在的、但现有工艺未能完全处理的污染物；另一方面来自消毒过程形成的副产物。

## 52. 生活用水和生活饮用水有何区别和联系？

　　"生活用水"与"生活饮用水"虽只一字之差，但具体含义却不相同。生活用水的内涵较广，主要包括城镇生活用水和农村生活用水。城镇生活用水除居民用水外还包括服务业、餐饮业、货运业、邮电业以及建筑业等公共用水。农村生活用水除居民生活用水外还包括牲畜用水、耕地用水等。而生活饮用水的内涵却相对较窄，《生活饮用水卫生标准》（GB 5749—2006）将生活饮用水定义为：供人日常生活使用的饮水和生活用水，主要是指生活用水中的居民用水部分。

# 53. 刚从自来水管道流出的水常常可以看到"白色的气体"是怎么回事儿？

自来水管道流出的水常可以看到"白色的气体"主要是因家用水龙头或者管道水压大冲击而引起的。由于自来水输送需要保证一定的管压，管道内压力通常远高于管道外压力，因此，自来水刚流出时，管道内外的压差使水中溶解的气体因压力突然变小而以微小气泡由水中释出，气泡破碎过程中会夹带细小水珠飘荡至水表面，从而产生"白色的气体"。它实际上是管道内外的压差造成的，会很快消失，无须担心。

自来水中的"白色气体"是由管道内外压差造成的，会很快消失，无须担心。

# 54. 什么是水的硬度？

　　水的硬度是指水中钙离子、镁离子的总量，包括碳酸盐硬度和非碳酸盐硬度。碳酸盐硬度主要是由钙离子、镁离子的碳酸盐和碳酸氢盐所形成的硬度。其中，碳酸氢盐可经加热分解成碳酸盐而从水中除去，故亦称为暂时硬度。而非碳酸盐硬度主要是由钙离子、镁离子的硫酸盐、氯化物和硝酸盐等盐类所形成的硬度，这类硬度不能通过加热的方法除去，故也称为永久硬度。通常，硬度以碳酸钙（$CaCO_3$，mg/L）表示。由于水的硬度过高或过低对人体健康都无益，因此，《生活饮用水卫生标准》（GB 5749—2006）规定饮水总硬度不超过 450 mg/L，且最好不低于 30 mg/L。

# 55. 自来水一定要煮沸后才能饮用吗？

通常，符合各项饮用水卫生标准的自来水是可以直接饮用的。自来水煮沸主要是中国人向来有饮用开水和饮茶的传统。自来水煮沸一方面可彻底地消除病原微生物的隐患；另一方面，自来水煮沸后，水的硬度因碳酸氢盐的分解而降低，从而使水质和口感得到改善。此外，在煮沸过程中，三卤甲烷类等挥发性消毒副产物也会随之降低。因此，从某种意义上来讲，饮用煮沸的自来水更加安全、健康。

# **56.** 为什么烧水壶用久了会出现水垢？

　　自然界中的水和日常生活使用的自来水中都或多或少会含有矿物盐，如碳酸钙和碳酸氢钙、碳酸镁和碳酸氢镁等。通常，这些溶解在水中的矿物质是不可见的，但当水被加热煮沸时，碳酸氢盐受热分解变成细小的碳酸钙、碳酸镁等沉淀物而从水中析出，并与水中的碳酸钙、碳酸镁共同附着在烧水壶或保温瓶壁上，久而久之就形成了水垢。由于水垢会影响容器的传热性和保温性，并可能富集一些对人体有害的重金属，因此，定期清除水垢是很有必要的。水垢去除方法有很多种，包括最常用的食醋法以及柠檬法和热胀冷缩法等，均可有效地去除水垢。

## 57. 水的硬度对人们的生活和健康有什么影响？

水中由于存在钙离子和镁离子的碳酸盐、硫酸盐和磷酸盐，因而具有一定的硬度是正常的。常饮一定硬度的水对人体健康是有益的。有研究认为长期饮用硬度过低的水易引发心血管疾病。正常情况下，人体对水的硬度有一定的适应性，但短期突然饮用硬度过高的水则会引起肠胃功能紊乱、导致腹泻和消化不良等症状。《生活饮用水卫生标准》（GB 5749—2006）规定饮水中总硬度不能超过 450 mg/L。

此外，水的硬度过高还会对生活产生某些不良影响，如用硬度较高的水泡茶会影响茶的色香味和口感，也易形成茶渍。

# 58. 生活饮用水中的污染物有哪些主要来源？

　　通常，水源水经自来水厂加工处理，水中的污染物浓度和数量已经大幅降低，达到生活饮用水卫生标准要求，可供人们日常生活使用。但是，饮用水中也会残存微量的污染物，此外，为保障饮用水安全、降低病原微生物引起的健康危害，饮用水在出厂前会使用氯系消毒剂进行消毒处理，消毒剂会与水中存在的污染物发生反应形成消毒副产物。因此，生活饮用水污染物既可能来自水源水未能完全去除而残存的微量污染物，也可能来自消毒过程。此外，在饮用水输配过程中，受供水管网、水箱老化、清洗不及时等的影响，饮用水也会被污染，即产生饮用水的二次污染。

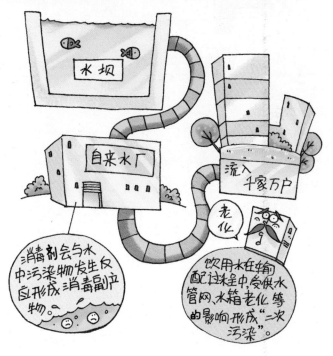

# 59. 我国生活饮用水卫生标准都有哪些规定？

　　为保证饮用水水质和公众健康，我国对生活饮用水水质做出了严格规定。《生活饮用水卫生标准》（GB 5749—2006）共有 106 项指标，包括常规指标 42 项和非常规指标 64 项。

　　常规指标有：微生物学指标 4 项，主要规定了总大肠菌群、耐热大肠菌群等项目；感官性状和一般化学指标 17 项，对水的色度、臭和味、浑浊度、pH 和水中的溶解氧含量等提出了要求；毒理学指标 15 项，对砷、镉、硝酸盐、三氯甲烷等多种污染物的浓度制定了限值；饮用水消毒剂指标 4 项，包括游离氯、总氯、臭氧和二氧化氯。此外，还对水中的 2 项放射性指标做出了规定。

　　非常规指标包括：感官性状及一般化学指标 3 项；微生物学指标

2 项，包括贾第鞭毛虫和隐孢子虫这两种易引起介水传染病的微生物；毒理学指标 59 项，主要包括农药、除草剂、苯化合物和氯化消毒副产物等。

# 60. 如何除去饮用水中的暂时硬度？

　　饮用水的暂时硬度是指饮用水经加热后从水中除去的那部分硬度，它主要是由钙、镁的碳酸氢盐所形成的。由于碳酸氢钙和碳酸氢镁稳定性较低，且它们的分解温度低于水的沸点，因此，水的暂时硬度可在煮沸过程中消除。近年，科技人员还尝试利用反渗透技术来去除饮用水的暂时硬度。该技术的核心组件是人工合成的反渗透膜，可拦截水中的钙离子、镁离子，从而降低水的硬度。

# 61. 什么是二次供水？

二次供水：处理后存储于储水设备。

贴水箱　　加压设备

　　二次供水是指通过加压设施、净水设施，将水厂供给的自来水经处理后存储于储水设备，转供用户的供水形式。现今，多数高层建筑普遍采取二次供水方式。二次供水设施是否按规定设计、建设的优劣直接关系到二次供水的水质和供水安全，与公众的生活密切相关。

　　传统的"水池—水泵—水箱"联合二次供水系统虽可解决供水压力和供水量的问题，但由于水存储于水箱而更易发生二次污染。因此促生了新的二次供水技术。如变频叠压供水系统。它是一种能直接与自来水管网连接、对自来水管网无副作用的二次供水设备，在市政管网压力的基础上直接叠压供水，因全程封闭，而不易污染，且可节约能源。

# 62. 常用的饮用水消毒方式都有哪些？

　　常用饮用水消毒方式可分为物理消毒和化学消毒。物理消毒主要是通过紫外线照射，而化学消毒根据消毒剂的种类可分为氯消毒和臭氧消毒。其中，氯消毒是集中式供水最主要的消毒方式，依据消毒原理的不同，可分为游离氯消毒和化合氯消毒。主要的含氯消毒剂包括液氯、一氯胺、二氯胺、二氧化氯和次氯酸钠等。臭氧消毒是以强氧化剂臭氧进行消毒。为提高饮用水消毒效果，近年来已开始将不同消毒方法联合使用来进行饮用水消毒。

氯消毒是最早被采用的饮用水消毒方式，具有技术成熟稳定、杀菌能力强、持续时间久、成本低廉等众多优点。目前，我国城乡集中供水水厂均采用氯消毒工艺对饮用水进行消毒。

## 63. 使用饮用水过滤器应注意些什么？

使用饮用水过滤器记得要根据水质和用量定期更换。

饮用水过滤器是为满足消费者获得质量高、口感好的饮水需求而设计的饮用水处理装置。自来水符合国家生活饮用水水质标准，能够保证公众安全使用要求，不会对健康产生有害影响，通常不必安装过滤器。但是，自来水经过管道长距离输送，可能会因管道老化而带有某些颜色或异味，这时使用饮用水过滤器则有助于去除输送过程中产生的杂质、增进口感。

　　过滤器长时间使用后，吸附能力变差，甚至丧失吸附过滤能力。当过滤器失效时，滤器或滤料周围易滋生细菌，并会有化学污染物富集。在使用过滤器时需要根据水质和用量定期更换，水质越差、过水量越大，过滤器更换的间隔时间越短。一般而言，消费者可根据家庭用水量、饮用水水质和过滤器实际使用情况，半年到一年更换一次。

# 第四部分
# 室内噪声、电磁辐射污染
# 危害与对策

# 64. 什么是噪声？

物理学上认为有节律的周期性振动属于乐声，无规律的非周期性的声响称为噪声。而卫生学上则认为任何干扰睡眠休息、交谈思考或者给人以烦恼的感受或危害听觉的声响都是噪声。总而言之，凡是人不需要的声音均可统称为噪声，例如在人需要静养或休息时，即使是美妙的音乐也是一种噪声。

# 65. 居室内噪声的来源主要有哪些？

居室内噪声来源于室内和室外两部分，主要有以下几个方面：

（1）交通运输噪声：交通运输产生的噪声占城市噪声的 75%，严重影响城市居民生活。

（2）工业机械噪声：各种工业器械产生的撞击、摩擦、喷射以及振动的声响。

（3）城市建筑噪声：道路建设、基础设施建设以及各种建筑物建设改造或者百姓家庭的装修都属于城市建筑噪声。

（4）社会生活和公共场所噪声：如公共场所的人群聚会声、喇叭声或者嘈杂声等。

（5）家用电器噪声：如冰箱工作时发出的声音。

（6）其他噪声：如隔壁房间的吵闹声、高层住宅楼上和楼下的管道声、水流声等。

# 66. 人耳可接受的分贝是多少？

分贝（dB）是表示声音相对响度的单位。人耳可接受的分贝范围有限。分贝太高可致人耳聋。

0～20 dB：很静、几乎感觉不到。

20～40 dB：安静、犹如轻声絮语。

40～60 dB：一般、普通室内谈话。

60～70 dB：吵闹、有损神经。

70～90 dB：很吵、神经细胞受到破坏。

90～100 dB：吵闹加剧、听力受损。

100～120 dB：难以忍受、待一分钟即可导致暂时性耳聋。

0～20 dB：
很静、几乎感觉不到
20～40 dB：
安静、犹如轻声絮语
40～60 dB：
一般、普通室内谈话
60～70 dB：吵闹、有损神经

70～90 dB：很吵、神经细胞受到破坏
90～100 dB：吵闹加剧、听力受损
100～120 dB：难以忍受、待一分钟即可导致暂时性耳聋

## 67. 什么是听阈位移?

听阈位移分为暂时性和永久性两类。暂时性听阈位移是指人或动物接触噪声后听力受到损伤,引起暂时性的听阈变化(即人耳能感知的最小声音分贝升高),脱离噪声环境一段时间后可以恢复到原来水平。与暂时性听阈位移相对的是永久性听阈位移,是指噪声持续时间长或者强度大,导致永久性的听力损伤。包括听力损失、噪声性耳聋和爆震性耳聋。

## 68. 噪声对健康有哪些影响?

噪声对健康的影响主要有以下几个方面:

(1)对听觉器官的损伤。包括暂时性听阈位移和永久性听阈位移。

(2)影响睡眠和休息。噪声可影响人的入睡和熟睡,导致多梦、惊醒。

（3）对心理的影响。使人烦躁易怒，情绪激动甚至丧失理智。

（4）使人失眠、疲劳、头晕、头痛、记忆力衰退、血压升高等。

（5）降低人们的工作效率。

（6）长期噪声还会导致神经衰弱综合征、使人食欲不振，甚至对生殖功能和胚胎发育都有一定影响。

# 69.如何有效地降低室内噪声？

应根据室内噪声的来源特点，采取相应的控制措施降低噪声，主要有三个原则：

（1）在声源处控制，减少或停止声源振动。合理布局城市，科学规划，改进运输工具和机械设备等。

（2）在传播过程中控制，阻断噪声传播。利用各种吸音、消音、隔音设施，减少传播过程中的噪声。

（3）在入耳处控制噪声，防止噪声进入耳朵。利用耳塞、耳罩保护耳朵不受噪声污染。

# 70. 入耳式耳机和开放式耳机哪一种更有利于保护听力？

听力受到损伤是因为声音强度过大，高于 90 dB，就会对听力造成一定损害，所以噪声应该控制在 75 ～ 90 dB 以下。30 ～ 40 dB 是理想的安静环境，70 dB 会影响谈话。耳机的样式本身不会对听力造成影响，关键是音量的控制。入耳式耳机隔音效果比较好，因此，在嘈杂环境下较小的音量就能满足人们的需求，这在一定程度上保护了听力。认为入耳式耳机距离鼓膜较近，因此会损坏听力属于误解。选择优质的耳机、控制合适的音量对保护听力意义重大。

## 71. 室内电磁辐射有哪些主要来源？

手机、家用电器都是室内电磁辐射污染来源！

　　室内电磁辐射来源非常广泛。只要有电流通过的地方如电力线和电力电缆、住宅供电线路以及电器中就有电磁场存在。电磁炉、微波炉、电饭锅、电视机、电冰箱、手机、电脑、无线网络、路由器、节能灯、电吹风、电热垫等，所有家电在工作或待机过程中都会有电流通过产生电磁场，也就或多或少会产生电磁辐射。

## 72. 室内电磁辐射对健康有哪些影响？

　　电磁场的生物效应是生物体对电磁场的生理反应。这些效应有的可能是在正常生理范围内的细微反应，有的可能会导致病理状态，当然有的也可能对人体有益。由电磁场暴露引起的烦恼或不适本身可能不是病理性的，但是假如发生，可能对人身体和心理良好状态产生影响，从而这种影响可能会被考虑为是"健康危害"。健康危害是指这样的生物效应，即它在机体补偿机制之外会有健康后果，并对健康或良好的身体状态造成损害。

毫无疑问，超过一定强度的电磁场可以导致生物效应。对志愿者的科学实验显示，短期暴露在环境中或者家中正常强度下的电磁场不会造成任何明显的有害效应。高水平电磁场中的暴露可能会造成伤害，但这种暴露是受国家和国际安全标准严格限制的。目前，对于电磁场健康影响的争议，主要集中在长期的低水平暴露是否会产生有害的健康影响或影响人的良好生存状态。

# 73. 手机电磁辐射有多大？

手机在发话时会产生一定功率的辐射。

发话状态

收话状态

　　使用手机分为发话和收话两种状态。发话时会产生一定功率的辐射，虽然其辐射强度较小，但是手机特殊的使用方法使得天线与收话器等紧贴耳朵附近，由于接触距离很近，因此人接受的辐射强度较大。而收话时需要接收来自基站的微波信号，此时人与基站距离较远，因而所受的辐射强度较小。

　　手机辐射的大小用比吸收率衡量，即单位时间内单位质量的物质吸收的电磁辐射能量，单位为瓦/千克（W/kg），表示每千克人体吸收的电磁辐射能量，反映电磁辐射对人体的影响。目前市售手机大多采用欧洲制定的手机电磁辐射安全标准设计，即 2W/kg，具体含义是以 6min 计时，每千克体重吸收的电磁辐射能量不得超过 2W。有关机构测试表明，市售手机平均比吸收率为 0.2 ～ 1.5W/kg。

# 74. 手机充电时能打电话吗?

　　手机充电器包含电源变压器、整流电路、滤波电路和稳压电路。
220V 交流电需要通过高频变压器,最终变成手机可用的 5V 直流电才
能流出。一般情况下,人体的安全电压是 36V,因此 5V 以下的输出
电压对人体并没有伤害。然而,有研究显示,手机在充电时接打电话,
其产生的电磁辐射可能会增大。因此,在手机充电时还是尽可能避免
使用手机。

# 75. 如何正确使用手机？

手机是低功率射频发射器，发射最大功率为 0.2 ～ 0.6W。其他类型的手持发射机，如步话机，其发射功率在 10W 以上。射频场强度（即用户射频暴露水平）随着与手机的距离增加而快速下降。

手机运行频率为 450 ～ 2 700MHz，峰值功率为 0.1 ～ 2W。手机打开时才传输功率。与手机的距离增加后，功率（以及用户射频辐射接触量）迅速衰减。因此，与身体保持 30 ～ 40cm 距离使用手机者，如发送短信、上网或使用"免提"装置，辐射暴露会大大低于把手机放在耳边接听者。手机射频暴露对使用者周围人影响很小。

除使用"免提"装置在通话时将手机与头部和身体保持一定距离

以外，限制通话次数和时间也会减少接触量。另外，在接收信号好的地点使用手机，也会减少接触量，因为信号好，手机传输功率会减少。使用商业装置来降低射频场接触量，并无证据证明是有效的。

　　过去 20 年以来，进行了大量研究以评估手机是否有潜在的健康风险。迄今为止，尚未证实手机的使用会对健康造成任何不良后果。

# 76. 微波炉电磁辐射有哪些防护措施？

微波炉运行时应远离！

　　家用微波炉的频率是 2 450 MHz。微波炉是用微波来烹调食物的，它是由一种电子真空管——磁控管，产生 2 450 MHz 的超短波电磁波，通过微波传导元件——波导管，发射到炉内各处，通过发射、传导、被食物吸收，引起食物内的极性分子（如水、脂肪、蛋白质、糖等）以每秒 24.5 亿次的极高速振动，并由振动所引起的摩擦使食物内部产生高热，将食物烹熟。

微波炉将电流送到微波发生器产生微波，微波能量通过波导管传入炉内腔里。由于炉内腔是金属制成的，微波不能穿过，只能在炉腔里反射，并反复穿透食物，加热食物，从而完成加热过程。微波炉自身的屏蔽能有效降低电磁辐射的泄漏。国家制定了微波炉产品标准，规定了微波炉的最大泄漏水平，符合标准的微波炉不会对使用者产生危害。

## 77. 电视机、显示器电磁辐射有哪些防护措施？

视频显示终端是指使用阴极射线管作为信息和数据显示的仪器设备，主要包括电脑显示器、电视接收机（使用显像管）和其他相关的仪器。其产生的电磁场包括静电场及不同频率的交变电磁场。

目前，已广泛使用的液晶显示器产生的电磁场要比传统的显示器小得多。现代计算机的液晶屏产生的静态场和交变电磁场水平是很低的，不会对人体健康产生影响。

世界卫生组织等机构总结了多方面的研究资料，包括室内空气质量、职业相关压力和人体功效学因素，以及在使用显示器时的姿势和座位。研究表明：不是显示器的电磁场，而是使用显示器的工作环境可能是产生健康危害的决定性因素。

　　由于对显示器产生的电磁场的健康危害的恐惧，导致了据称可防
止这些电磁场和射线负面效应的产品的增加。包括在显示器前使用的
特殊围巾、屏幕遮蔽物或"射线吸收"仪器。这些产品对显示器辐射
没有任何保护作用。即使是那些的确能减少辐射的也没有实践价值，
因为电磁场和射线远没有超过国家和国际标准允许暴露的范围。除了
减少凝视（导致眼部疲劳）屏幕，世界卫生组织不推荐任何保护设备。
国际劳工组织也不推荐使用保护设备减少电磁场辐射。

# 78. 电冰箱等其他家用电器的电磁辐射有哪些防护措施？

电冰箱在工作时，后侧方或下方的散热管线释放的磁场高出前方几十倍甚至几百倍，冰箱的散热管积尘越多，电磁辐射越强。在使用电冰箱时应将其尽可能放在人不常逗留的场所，在冰箱工作时尽量远离它，并定期清洁冰箱散热管的灰尘，保持清洁。

正规生产厂商生产的家用电器产品会经过质量检验部门的检验，其运行产生的电磁场保持在一个安全水平内。因此，在按照生产厂商说明书正确使用的前提下，无须采取额外的防护措施。本着"可合理达到尽量低"的原则，在使用电热毯、电磁炉、吹风机等家电时，可注意减少使用时间、增加使用距离。

此外，家用电器待机时处于通电状态也会产生电磁场。尽管我们不必担心家用电器待机时产生的电磁场，但家用电器待机状态时仍然消耗电能，从节能环保的角度来讲，建议在不使用时应及时关闭电源，节约能源。

# 第五部分
# 室内微生物污染
# 危害与对策

# 79. 室内常见的微生物有哪些？

室内微生物是影响室内空气质量的一个重要因素，它可引发各种呼吸道传染病，对人体健康的影响非常大。室内常见的微生物有细菌、真菌、病毒和尘螨等，它们通常附着在尘埃上，随人们的活动或空气流动而传播。

# 80. 室内微生物的来源主要有哪些？

室内微生物的来源主要有以下几个方面：

（1）飞扬的尘土可将土壤中的微生物带入空气中。

（2）人们的各类活动可使家具、电器、桌面、地面等上的微生物随尘埃卷入空气中。

（3）人和动物脱落的皮屑中可能含有微生物，这些微生物可随皮屑飘落到空气中。

（4）人和动物的口腔里可能含有病原微生物，可通过说话、咳嗽、打喷嚏等方式飞溅到空气中。

# 81. 尘螨的生物学特性有哪些?

尘螨是螨虫的一种,属于节肢类动物,体型很小,通常为 0.2～0.4 mm,低倍显微镜下可观察到。尘螨又分几种,但基本形态相似。其中,屋尘螨与室内环境关系最为密切。

尘螨的生物学特性如下:

(1)尘螨最适宜的生存温度是 25℃左右,高于 35℃则逐渐趋于死亡,在 44.5℃时,24 h 内可全部死亡;室内环境温度低于 20℃可使尘螨发育和活动停止,低温维持 10 h 以上时,尘螨及其虫卵无法存活。

(2)尘螨的最适宜生存湿度是 80%,湿度低于 30% 时可致尘螨脱水死亡,室内湿度高于 85% 时则易滋生霉菌,不利于尘螨滋生。

(3)尘螨对气流极其敏感,气流稍大即不能存活。

# 82. 室内尘螨的健康危害有哪些？

尘螨是一类极强的变应原，对不同年龄段的人群健康均可产生危害，如诱发儿童和成人哮喘，导致过敏性鼻炎、过敏性皮炎等的发生和加重。其具体健康危害分类如下：

（1）尘螨及其代谢产物是强烈的过敏原，可以引起哮喘、过敏性鼻炎和皮炎等。

（2）粉螨主要存在于粮库和面粉厂中，与皮肤接触可引起皮炎和皮疹；也可侵入呼吸道、消化道等，临床表现复杂多样，没有特异性。

（3）革螨可传播疾病，比如流行性出血热和立克次体痘。

（4）疥螨可直接寄生于人体皮肤中，使患者产生疥疮。

# 83. 如何避免室内尘螨对健康的危害？

根据尘螨的生物学特性，可以知晓尘螨易在温暖、潮湿、无风、阴暗的环境中滋生和生存。因此，在日常生活中，应加强室内通风换气，保持室内干爽并有良好的采光。经常打扫室内环境，勤换洗被褥、沙发套、窗帘等，定期将被褥、衣服等拿到室外晾晒拍打。有儿童的家庭要注意将儿童玩耍的毛绒玩具定期清洗晾晒。此外，必要情况下也可以使用杀虫剂如虫螨磷杀灭尘螨，但一定要认真阅读说明书，掌握好浓度、用量和使用方法，以防对人体健康带来不利影响。

# 84. 养宠物会引发人类传染病吗？

宠物能携带某些疾病的病原，可将多种疾病传播给人类，例如，死亡率很高的狂犬病，是一种侵害中枢神经系统的急性病毒性传染病；又如，人、犬和猫的肠道内菌群接近，人接触了患病宠物的排泄物可导致感染的发生，主要引起胃肠炎和败血症，所以人们在饲养宠物时要注意卫生，宜戴手套清理宠物的排泄物，保持家居清洁。

# 85. 哪些人群不适合养宠物？

　　宠物身上通常有较多的潜伏细菌，可通过粪便、皮毛等方式传染给人，从而导致细菌感染等疾病的发生，因此有些人群是不适宜养宠物的。有孕妇的家庭最好不要养宠物，孕妇也不要与宠物亲密接触，如果孕妇被某些细菌感染，则可能引起胚胎的先天性缺陷，如新生儿智力不全、结膜水肿等；婴儿和 5 岁以下儿童、老年人、癌症患者等免疫力较低的人群不宜养宠物；有过敏史的病人、皮肤病患者、哮喘病人、有伤口感染者也不适合养宠物。

## 86. 床上用品和地毯经常晒太阳有用吗?

　　床上用品和地毯上附着大量的微生物，我们用肉眼看不见，却会引起各种疾病，所以经常晒太阳杀菌很有必要，太阳的紫外线可阻止微生物的蛋白质合成，从而抑制细菌的生长和繁殖，对微生物具有一定的杀灭作用。但需要注意的是，紫外线的杀菌效果与照射时间直接相关。因此，要有足够的日照时间，才能达到理想的效果。

# 87. 为什么不能把头埋在被子里睡觉？

有研究表明，睡觉时人的呼吸道可排出细菌、病毒等有害物质，如果把头埋进被窝里，就极易将这些有害物质吸入，诱发呼吸道炎症。另外，蒙头后会使得呼吸空间变小，空气难以流通，呼吸时氧气的量逐渐减少，而二氧化碳的量逐渐增多，使肺与血管不能充分地进行气体交换，致使身体各部分器官失去良好的调节，新陈代谢速度降低，会引发头昏、精神不振、记忆力减退等症状。

# 88. 冲马桶的时候需要盖上盖子吗?

冲马桶时需要盖上盖子。因为马桶冲水时，会产生一种喷雾效应，如果马桶盖打开，马桶内的瞬间气旋可以将微生物送达空中，并悬浮在空气中长达几小时，进而会飘落在墙壁和洗漱用品上，这样很容易受到微生物污染。

## 89. 室内空调设备需要定期清洁吗?

空调设备是需要定期清洁的。因为空调设备的空气过滤器、制冷盘管、通风管道和冷却水中容易滋生细菌和真菌,如军团杆菌常栖息在空调的冷却器处,随着空调系统的运行,这些微生物通过送风系统进入室内引发军团菌病,严重影响人体健康,所以空调设备每年至少要清洗一次。最简单的办法是在长时间不用空调之后,再次使用前将空调过滤网拆卸下来在水龙头下面反复冲洗,直到将上面附着的灰尘全部清洗干净为止。

# 第六部分
# 室内装修与健康

# 90. 室内装修装饰包括哪些项目？

室内装修主要包括房间设计、装修、家具布置及各种小装饰。侧重于建筑物里面的装修建设，不限于装修设计施工期间，也包括入住之后长期的不断装饰。

室内装饰又称室内设计，是指为了满足人们的社会活动和生活需要，合理、完美地组织和塑造具有美感而又舒适、方便的室内环境的一种综合性艺术，属于环境艺术的一个门类。就其研究的范围和对象而言，室内装饰又分为家庭室内装饰、宾馆室内装饰、商店室内装饰、公共设施室内装饰。

# 91. 室内装修装饰带来的主要污染有哪些？

　　室内装修装饰造成的主要污染是"四大毒气"，比较公认的一个是甲醛，甲醛主要是从人造板里释放出来的；第二种污染物是苯系物，来源于胶漆涂料；第三种污染物质是氨，主要是冬季施工防冻剂里释放出来的氨水；第四种污染物质是放射性物质，如来源于石材瓷砖的放射性氡。此外，电磁辐射污染也不容忽视，它主要是在各类家用电器、移动通信设备等的使用过程中产生的。

## 92. 室内装修装饰的主要污染物会对人体造成什么样的危害？

　　甲醛是世界卫生组织（WHO）确认的致癌物和致畸物之一。当室内空气中甲醛含量为 0.1 mg/m³ 时就有使人产生不适的异味；约 0.5 mg/m³ 时可引起流泪；0.6 mg/m³ 时可引起咽喉不适或疼痛；12～24 mg/m³ 时使人感觉呼吸困难、咳嗽、胸闷和头痛；长期慢性吸入甲醛浓度 0.45 mg/m³，可导致慢性呼吸道疾病增加；吸入高浓度甲醛（> 60～120 mg/m³）时可能引发肺炎、肺气肿，甚至死亡。长时间吸入过量的甲醛会造成免疫功能异常，也会影响神经中枢系统，甚至能导致胎儿畸形以及死亡。

短时间吸入苯的浓度在 4.8 ～ 15.0 mg /m$^3$ 时，就可以闻到特殊芳香的气味。短时间吸入高浓度的苯蒸气可导致急性苯中毒，轻者会使人出现头晕、恶心、乏力等症状；重者昏迷、抽搐和循环衰竭甚至死亡。长期吸入苯能导致贫血，也可能引发白血病。

氨气是一种无色而具有强烈刺激性臭味的气体，比空气轻，人体可感受最低浓度为 5.3 mg/m$^3$。氨对眼、喉、上呼吸道有强烈的刺激作用，轻者引发肺水肿、支气管炎、皮炎，重者可发生喉头水肿、昏迷、休克等，甚至可引起反射性呼吸停止。氡能在人体内形成辐射，诱发肺癌、白血病和呼吸道病变，是仅次于吸烟引起的肺癌的第二大致癌物质。氡已被国际癌症研究机构列入室内重要致癌物质。对新建住房，应在设计和建造时加以控制，使住房内平衡当量氡浓度的年平均值不超过 100 Bq /m$^3$。据不完全统计，我国每年因氡致肺癌为 50 000 例以上。作为致癌物，室内氡浓度越高、受照时间越长、初始受照年龄越小，危险程度越高。当室内空气中氡浓度每增加 100 Bq/m$^3$ 时，在这种环境里居住的人患肺癌的概率就会增加 19％。

# 93. 我国主要装修材料标准中对苯、甲醛等污染物的控制要求如何？

《室内装饰装修材料人造板及其制品中甲醛释放限量》（GB 18580—2001）中规定整体家具释放的苯、二甲苯及甲醛的限量值分别为 0.11 mg/m$^3$、0.20 mg/m$^3$、0.1 mg/m$^3$。室内装饰装修用墙面涂料中游离甲醛限量值为 0.1 mg/m$^3$。

人造地板的材料不同，相应甲醛含量要求限值也不同；如中高密度纤维板、刨花板、定向刨花板 ≤ 9 mg/100 g，可直接用于室内；胶合板、装饰单板贴面胶合板、细木工板 ≤ 1.5 mg/L，可直接用于室内。地毯中甲醛含量限量标准为 ≤ 0.05 mg/m³。

由国家质量监督检验检疫总局、国家卫生部及国家环境保护总局2002年11月19日批准发布

（1）新风量要求 ≥ 标准值，除湿度、相对湿度外的其他参数要求 ≤ 标准值；

（2）行动水平即达到此水平建议采取干预行动以降低室内酮浓度。

# 94. 室内甲醛污染超标的表现如何？

当室内环境中甲醛超标时，人们可能主要表现出以下方面的症状：

（1）新婚夫妇长时间不孕，又无法查明原因或正常怀孕的情况下发现胎儿畸形；

（2）新搬家或者新装修的房子里，室内植物不易成活，叶子容易发黄、枯萎；

（3）新搬家后，家养的猫、狗甚至热带鱼类莫名其妙地死掉；

（4）在新装修的办公场所上班感觉喉咙疼、呼吸道发干，下班后便没事了；

（5）新装修的家庭和写字楼房间或新买家具有刺鼻、刺眼等刺激性异味，而且异味长期不散；

（6）每天清晨起床时，感到憋闷、恶心甚至头晕目眩；

（7）家里经常有人感冒；

（8）虽然不吸烟但是经常感到嗓子不舒服，有异物感，呼吸不畅；

（9）家里小孩常咳嗽、打喷嚏、免疫力下降；

（10）家里人员常有过敏等毛病而且是群发性的；

（11）家人共有一种疾病，而且离开这个环境后，症状有明显变化和好转。

# 95. 如何防止室内装修装饰造成的甲醛污染?

有效防止室内装修装饰造成的甲醛污染的常见方法如下:

(1)源头控制。选择无甲醛的装修材料等。

(2)通风法:装修刚结束污染释放量最大,这时候,用什么除味剂效果也好不到哪去,最好的办法就是开窗通风。新房装修完成后,一定要天天通风。一般装修后不应立即入住。

此外,在室内种植吊兰、虎皮兰、芦荟、金虎、绿萝、龟背竹等植物能吸附部分甲醛,也可以用活性炭吸附有害物质。需要注意的是,活性炭持续有效时间为 3 ～ 6 个月,之后会饱和失去活性,因此应该及时更换。此外，使用活性炭的过程中还需注意以下几点：①刚装修好的新房中甲醛等有害气体浓度比较高，建议不使用活性炭，先通风两三个月。②一般放在污染源头和人经常活动的地方，如衣柜、橱柜、电脑桌、书桌等。③一般放置高度为 180 cm 左右。

# 96. 如何清除室内装修装饰后产生的异味？

去除室内装修装饰后产生的异味的最好办法就是通风；也可在室内种植大叶面和香草类的具有较强吸收能力的植物，如吊兰、虎皮兰等；也可将茶叶渣、柚子皮或切开的菠萝放在房间去味。

去除室内装修装饰后产生的异味的最好办法就是通风。也可在室内种植大叶面和香草类的具有较强吸收能力的植物如吊兰、虎皮兰等；也可将茶叶渣、柚子皮或切开的菠萝放在房间内去味；或者用白醋熏蒸整个房间。此外，也可将活性炭包放置在房间内，吸附去味。

# 97. 如何辨别室内装修装饰带来的甲醛和苯污染？

室内装修污染中甲醛和苯污染很常见，但它们超标暴露引起的人体的症状不同。例如，苯是一种无色、具有特殊芳香气味的液体，在装修中闻到的那种让人不舒服的淡淡的香味，就很可能是苯。苯对皮肤、眼睛和上呼吸道有刺激作用，长期吸入，可导致再生障碍性贫血。

甲醛刺激黏膜。甲醛慢性中毒表现为流泪、眼痒、嗓子干燥发痒、咳嗽、气喘、声音嘶哑、胸闷、皮肤瘙痒等。

# 98. 怎样减少室内装修造成的污染？

为减少室内装修造成的污染，应注意装饰材料的选择，注意做好房间的通风和空气净化，注意做好室内环境监测和治理，合格后才能入住。

室内装修装饰应该注意的方面如下：

（1）注意装饰材料的选择。室内装饰材料是造成污染的主要来源，在装修选材方面，要严格按照国家标准进行选择。

（2）注意家具的内在质量，合理选择和使用，新买的家具一定要注意甲醛和苯的释放量，最好通风一段时间再用，让家具里的有害气体尽快释放。

（3）注意做好房间的通风和空气净化，特别是新装修的房间。

（4）注意工作环境和消费环境的污染。目前，一些写字楼和大型商场的室内环境污染也十分严重，孕妇应该特别注意。

（5）注意做好室内环境检测和治理，按照国家标准要求，新建和新装修的房子最好请室内环境检测部门进行室内空气质量检测，合格以后才能入住。

# 99. 使用室内空气清新剂或喷雾剂会对室内环境造成什么污染？

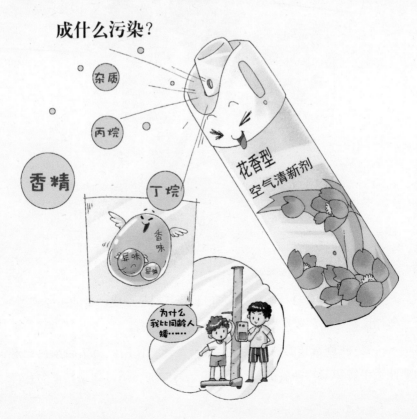

　　目前，市场上流行的空气清新剂大多是由乙醚和芳香类香精等成分组成的，这些成分释放到空气中后，本身就成为一种污染物质（如空气清新剂中含有的芳香类物质，会刺激人的神经系统、影响儿童的生长发育等），而且它自身分解后，又能产生危害物质。不同的空气清新剂，只是加入的香精不同，气味不一样而已。而且，空气清新剂，实际上是掩盖了异味，并不能从根本上消除异味。再者，有些空气清新剂中含有一些杂质，它们也是污染环境的物质。

# 100. 室内装修装饰后总挥发性有机物污染来源有哪些？

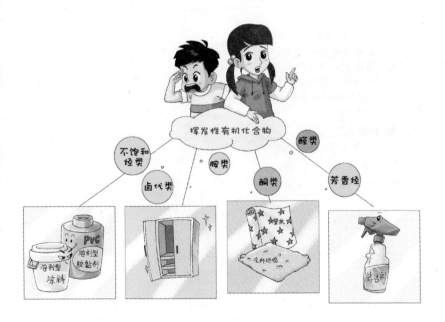

挥发性有机化合物是指在常压下沸点为 50～260℃ 的有机化合物，按其化学结构可分为芳香烃（苯、甲苯、二甲苯）、酮类、醛类、胺类、卤代类、不饱和烃类等。常用总挥发性有机化合物表示室内空气中挥发性有机化合物的质量浓度。室内装修装饰后所出现的总挥发性有机物可能来源于各种溶剂型涂料、溶剂型胶黏剂、家具、壁纸、化纤地毯、清洁剂等。

## 101. 室内装修中总挥发性有机物污染对人体的影响有哪些？

总挥发性有机物主要影响中枢神经系统，暴露于室内过量的总挥发性有机物会使人出现头晕、头痛、无力、胸闷等症状；嗅味不舒适，刺激上呼吸道及皮肤；影响消化系统，出现食欲不振、恶心等；此外还怀疑能引起局部组织炎症反应、过敏反应、神经毒性作用，一般家庭里那种酸酸的味道就有可能是总挥发性有机物的味道。

# 102. 室内装修装饰造成的半挥发性有机物污染对健康的影响严重吗？

来源于室内装修和装饰材料的半挥发性有机物，主要来自于油漆、涂料和胶黏剂。一般情况下，油漆施工后的 10 h 内，半挥发性有机物可挥发出 90 %，而溶剂中的半挥发性有机物则在油漆风干过程中只释放总量的 25 %。它们具有刺激性、致癌性和特殊的气味，会影响皮肤和黏膜，过量暴露会对人体产生

> 室内装修和装饰材料的半挥发性有机物，主要来自于油漆、涂料和胶黏剂，它们具有刺激性、致癌性和特殊的气味，会影响皮肤和黏膜，过量暴露会对人体产生急性损害。

邻苯二甲酸酯

急性损害。其中的邻苯二甲酸酯类物质作为环境类雌激素会对人类的生殖系统产生影响，此外也可作为"环境佐剂类物质"增强人体的过敏反应程度。

## 103. 地毯等装饰材料对人体健康的潜在影响有哪些？

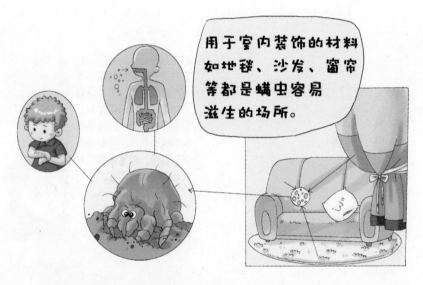

用于室内装饰的材料如地毯、沙发、窗帘等都是螨虫容易滋生的场所。

用于室内装饰的材料如地毯、沙发、窗帘等都是螨虫容易滋生的场所。螨虫对人体健康的影响主要有以下三个方面：

（1）引起过敏：螨的各部分，其分泌物、排泄物以及已蜕下的皮都是过敏原。螨类几乎可寄生或叮咬人体的所有部位，尤其是小孩，人们接触了被螨虫污染的物品后，即能引起皮炎。过敏体质的人在接触到尘螨时，会出现过敏性哮喘、过敏性鼻炎或过敏性皮炎。

（2）引起螨虫病：螨虫还可通过日常饮食或呼吸而进入人体的消化道或呼吸系统，引起肠螨病和肺螨病。此外，螨进入尿道后还会引起泌尿螨病，进入脊髓后引起脊髓螨病。

（3）充当传染媒介：螨虫还能传播羌虫病、流行性出血热、鼠性斑疹、伤寒等各种疾病。因此，螨虫对人的危害必须引起重视。

为了健康，居室内的地毯、沙发、窗帘等用品应经常打扫和清洗，房间应经常通风换气，保持室内清洁和干燥，减少居室的螨虫污染。

# 第七部分
# 特殊公共场所
# 室内环境与健康

# 104. 医院内有哪些污染物？在哪些情况下容易影响健康？

除普通室内的物理性、化学性污染物外，生物性污染物（如病原微生物和寄生虫等）也是医院内常见的污染物。候诊室往往是患者及家属在门诊就医过程中停留时间最长的地方。候诊室人群密集，并且多为患病者，大部分抵抗力低下，容易感染疾病，特别是呼吸道传染病。候诊室的厕所除供患者排便外，还供患者留取粪、尿标本，就诊者通过其门把手和水栓等处受污染的机会较多，易传播疾病。

# 105. 如何在医院内进行自我防护？

去医院最好戴上口罩。看完病后应尽快离开医院，尽量不要在医院逗留。尤其要注意不乱摸医院的设施，也不要随意接触其他病患的物品，既不要成为传染源，也要避免在不知不觉之中成为病菌传播的载体，导致病人之间交叉感染。回家后立即用肥皂或洗手液洗手。去医院时所穿的衣服最好立马换洗。如果就诊人员比较多，最好挑病患较少的时段就诊。

# 106. 汽车内主要有哪些污染物？

汽车内的污染物主要有化学性的（如一氧化碳、苯和胺等）和生物性的（如螨虫、霉菌和细菌等）。

（1）汽车零部件和车内装饰材料释放有害物质，主要包括苯、甲苯、甲醛、碳氢化合物、卤代烃等。

（2）汽车发动机产生的一氧化碳、汽油气味以及乘客吸烟产生的烟雾，均会使车厢内空气质量下降。

（3）车用空调若长时间不进行清洗护理，其内部就会附着大量污垢，霉菌、螨虫、细菌、胺、烟碱等有害物质会随空调的送风弥散到车内狭小的空间里，导致车内空气质量变差。

（4）司机与乘客呼吸可产生二氧化碳。

（5）汽车尾气排放，主要有碳氢化合物、一氧化碳、二氧化硫、氮氧化物、颗粒物等有害物质，造成汽车周围的空气被严重污染。即使关上车窗和换气系统，车内的人也不可避免地要受到汽车尾气的侵害。

（6）乘客所携带的病菌也是公共交通工具潜在的污染物，可引起乘客间的交叉感染。

# 107. 如何进行车内空气清洁？

进行车内空气清洁，有以下几种方法：

（1）自然通风。在室外空气质量较好的情况下，进行自然通风，改善车内空气质量。

（2）活性炭吸附过滤。活性炭可以有选择地吸附空气中的各种物质，以达到消毒除臭等目的。活性炭在吸附饱和后需要更换，大约需每三个月更换一次。

（3）臭氧消毒。将一根连接着汽车专用消毒机的胶管伸入车厢内，打开汽车专用消毒机和车内空调，利用空调的空气循环，将汽车专用消毒机产生的高浓度臭氧送到车内的每个角落，只需几分钟就可以了，消灭病菌比较彻底。消毒后车厢里会留有一点臭氧味，但只要将车窗打开一会儿，臭氧会自动分解挥发掉。如果汽车经常使用，采用此方法消毒一个月一次即可。

（4）使用车内空气净化器。空气净化器可清除宠物异味、烟味、汗味、臭味、纤维、浮游霉菌、病毒、浮游细菌、螨虫、花粉、灰尘、皮屑、甲苯、二甲苯、总挥发性有机物（TVOC）、苯、甲醛、汽车尾气中的一氧化碳、二氧化碳和氮氧化物等。

# 108. 办公场所的室内环境有哪些特点？

办公场所室内环境的特点有空间相对狭小、人员滞留时间长、室内环境差距大、存在影响健康的环境污染物等。

（1）办公人员相对集中，流动性较小。一般情况下，办公人员主要在各自的办公室工作，工作任务相对独立，业务交流往往是在办公室内完成。接纳的涉外流动人员较少是办公场所与公共场所的主要区别。

（2）办公人员滞留时间长，活动范围小。

（3）办公场所分布范围广泛，基本条件和卫生状况相差较大。行政管理、商务、教育等办公场所主要集中在城市的商业区、教育区、居住区等，而企业单位的办公场所则主要集中在工业区，其办公场所室内的空气质量与企业的生产性质、规模等有密切的关系。

（4）办公场所中存在许多影响人体健康的不利因素。如办公室设备、办公室建筑和室内装修材料都会释放影响健康的有害物质。

# 109. 办公场所有哪些主要有害因素？

办公场所的主要有害因素包括物理因素和化学因素两大类。

**物理因素**

（1）噪声。办公场所的打印机等设备的使用、周围办公室的装修等都会造成噪声污染。噪声可导致听力下降等危害。

（2）电磁波。办公室中的复印机、传真机、电脑等办公设备可产生电磁波。电磁波可对人体多个系统产生影响，主要影响中枢神经系统，可造成失眠、记忆力下降；影响免疫系统，可导致人体免疫力下降等。

**化学因素**

（1）氨。我国很多地区写字楼等建筑在施工的过程中，常在混凝土中添加膨胀剂和防冻剂。这些外加剂会还原成氨，从墙体释放出来。办公室内涂饰的添加剂和增白剂也多用氨水。氨对人体的上呼吸道有刺激和腐蚀作用，进入肺泡后，会破坏肺部的运氧功能。

（2）甲醛。办公室内装饰用的木质板材、办公桌与立柜材料使用的黏合剂，在遇热、潮解时会释放甲醛。办公室内吸烟也可产生甲醛。甲醛可导致人体嗅觉异常、过敏、呼吸系统刺激、免疫系统异常等。

（3）苯。办公室内的烟草燃烧、油漆、传真机、电脑和打印机等均可释放苯。苯可引起麻醉和呼吸道刺激，严重者造血功能损伤，甚至诱发白血病。

（4）挥发性有机化合物（VOCs）。建筑材料、清洁剂、油漆、涂料和烟草的燃烧等都会产生 VOCs。VOCs 的危害主要有嗅觉刺激、感觉刺激、过敏和局部炎症反应等。

（5）有些办公室安装有集中式空调，如不及时清洗可滋生细菌等，也会对办公人员的健康带来不良影响。

# 110. 不及时清洗集中式空调会对健康造成什么影响？

一些办公场所使用集中式空调，如果不及时清洗会导致：

（1）空气置换效果较差。使用中央空调的环境大多为封闭、半封闭空间，室内空气属循环利用，空气的清洁度依靠空调本身的过滤和定时输送适量新风来维持，因此相对室外空气来讲较为浑浊。

（2）积尘诱发细菌滋生。由于中央空调是依靠风道及出风口将处理后的空气送入房间，风道属密闭空间，而室外空气中各类悬浮颗粒物不能完全被空调过滤装置所阻隔，因此微细灰尘便进入风道黏附在风道内壁上，加之大多数风道狭小，日积月累便形成大量积尘，在通风风管内甚至还有动物尸体、死老鼠、蟑螂等，造成军团菌、大肠杆菌、溶血性链球菌及各种呼吸道疾病细菌、病毒大量滋生，危害办公场所工作人员健康。

（3）由于空调房间相对封闭，室内的温度和相对湿度很适合致病性微生物，尤其是真菌的生长和繁殖。如果不定期或从不清洗滤尘网、通风系统的风管，空调一开，滤尘网上的病菌和灰尘就会吹出。人吸入后沉积在呼吸道中或附着在人体皮肤上，从而产生皮肤瘙痒、鼻塞、打喷嚏等症状，甚至哮喘。

# 111. 臭氧（$O_3$）对人体健康有哪些影响？

除自然界产生的臭氧外，人类活动如汽车和工业排放，也可产生臭氧。大型复印机工作较长时间之后也可使室内臭氧浓度大幅升高。臭氧会影响人的呼吸系统健康，可降低肺功能，引发哮喘。此外还可刺激眼睛，使视力下降。

# 112. 外出住旅店时有哪些注意事项？

　　去旅馆住宿，进入房间后第一件事就是开窗通风。毛巾和洗漱用品最好自带，如果没有自带毛巾，酒店的毛巾需用开水浸泡后方可使用。要检查一下被褥、床单等是否干净，如有污垢等可请服务员更换。起床后可将被子的被里朝外叠，让其干燥。衣物放进自己的行李箱，不要随便堆放。女性尽量不用浴盆，如要使用浴盆，则要先用肥皂把浴盆刷干净，最好用开水将浴盆全部烫一下或用消毒剂浸泡后再用。使用坐式马桶，尽量不要坐在上面或事先在马桶圈上垫一张纸。

# 113. 公共浴室有哪些潜在健康危害?

公共浴室根据设施的不同可分为池浴、盆浴、淋浴以及桑拿。公共浴池由于多人共用同一个浴池,易造成污染,引起皮肤癣、阴道滴虫病、肠道传染病、寄生虫病和性病的传播和流行。淋浴是既经济又卫生的良好洗浴方式。桑拿是一种健身型的洗浴,但心脏病、糖尿病、肾脏病、高血压等的患者不宜进行。

# 114. 在理发店、美容店有哪些注意事项？

（1）选择卫生条件较好的理发店，以免因理发店的卫生条件差引起生物性不良影响，如头癣、化脓性球菌感染、急性出血性眼结膜炎、呼吸道疾病，以及经创面传播乙型肝炎等。

（2）选择质量高、有保证、刺激性小、有害物质少的美容美发产品，并尽量减少染发或烫发的次数，避免化学性不良影响，如常见的皮肤过敏和色素沉着。

（3）此外，由于在美容院洗头的时间比平时长得多，所以洗发水会对皮肤产生一定刺激作用。有些美容院会把劣质洗发水装在品牌瓶里，这对皮肤和头发的伤害更大。到美发店洗头，最好自带洗发水。还应叮嘱洗发时不要用力抓挠，而是用指腹轻轻按摩头皮。

# 115. 如何选择适宜的健身馆？

　　健身馆聚集的人数多，人员流动性大，加之健身者体力消耗大，因此健身馆的卫生状况要求较高。应选择室内装修污染小，洗浴室、更衣室等卫生设施合格，具有良好通风，宽敞明亮、噪声小的健身馆。

# 116. 商场可能存在哪些健康问题？

　　人们进出商场购物也会遇到许多健康问题。商场的装修会释放甲醛等有害物质。节假日商场购物的人较多，人体会释放出热量、水汽、二氧化碳。某些商品（如鞋子、箱包）或其包装散发出的有害气体等都可使空气污染而有害健康。人群中一部分有传染病的患者，通过谈话、触摸商品、柜台和扶手等，极易将病原微生物传给他人。商场内嘈杂的人声以及广播等，都会对顾客的健康产生不良影响。因此应尽量避免购物人多时去商场，并且不逛新装修过的商场。

室内总挥发性有机物（TVOCs）的主要来源包括：新的建筑材料、室内装潢材料、有机涂料、清洁用品，以及香料、除臭剂等，如胶合板、壁纸、彩色涂料和地毯。当室内 TVOCs 浓度小于 0.2 mg/m$^3$ 时，无刺激或者不适；$0.2 \sim 3.0$ mg/m$^3$ 时，感觉刺激或者不适；$3.0 \sim 25$ mg/m$^3$ 时，出现头痛等反应；大于 25 mg/m$^3$ 时，出现头痛和其他神经毒性作用。

《室内空气质量标准》（GB/T 18883—2002）规定，在住宅和办公建筑物中 TVOC 的标准值（8 h 平均）应当 ≤ 0.6 mg/m$^3$。

# 117. 车站、机场候车场所有哪些主要有害因素？

乘客携带的病菌
能引起交叉感染

（1）车站、机场等场所的人群来自天南海北，很容易引起一些细菌、病毒所致疾病的传播，如流行性感冒、结核等。候车场多采用集中空调系统，通风条件较差，新风量不足，如果不能定期对空调送风系统进行清洗和消毒，则可能导致军团菌的滋生，从而引发军团菌病的发生和流行。

（2）噪声的健康危害：车站人群密集，噪声很大，$\geq 70$ dB 的噪声会干扰谈话，造成精神不集中，心烦意乱。

（3）大气污染物可以通过门、窗以及通风系统进入室内，常见的如二氧化硫、氮氧化物、一氧化碳、铅、颗粒物等，上述污染物均可对人体的呼吸系统和心血管等造成短期影响。停留的时间越久，症状越明显。

（4）建筑物自身和装饰材料可能含有可逸出和可挥发的有害物质，如氡及其子体、甲醛、苯等。